BEI GRIN MACHT SICH IHR WISSEN BEZAHLT

- Wir veröffentlichen Ihre Hausarbeit,
  Bachelor- und Masterarbeit

- Ihr eigenes eBook und Buch -
  weltweit in allen wichtigen Shops

- Verdienen Sie an jedem Verkauf

Jetzt bei www.GRIN.com hochladen
und kostenlos publizieren

Bibliografische Information der Deutschen Nationalbibliothek:

Die Deutsche Bibliothek verzeichnet diese Publikation in der Deutschen National-
bibliografie; detaillierte bibliografische Daten sind im Internet über http://dnb.d-
nb.de/ abrufbar.

Impressum:

Copyright © 2003 GRIN Verlag, Open Publishing GmbH
Druck und Bindung: Books on Demand GmbH, Norderstedt Germany
ISBN: 978-3-668-14010-3

Dieses Buch bei GRIN:

http://www.grin.com/de/e-book/283362/die-bevoelkerung-namibias-ethnische-
gruppen-bildungsstruktur-und-alterserwartung

Cornelia Haldenwang

Die Bevölkerung Namibias. Ethnische Gruppen, Bildungsstruktur und Alterserwartung

GRIN Verlag

Die Bevölkerung Namibias. Ethnische Gruppen, Bildungsstruktur und Alterserwartung

Cornelia Haldenwang

Die Bevölkerung Namibias. Ethnische Gruppen, Bildungsstruktur und Alterserwartung

Inhaltsverzeichnis

Einleitung

Namibia liegt im Südwesten Afrikas zwischen 17° und 29° südlicher Breite und zwischen 12° und 25° östlicher Länge. Das Land hat eine Fläche von 824.292 km²[1], die 2,7% der Fläche des afrikanischen Kontinents ausmacht. Die Nord-Süd-Ausdehnung beträgt ca. 1500 km, die West-Ost-Ausdehnung schwankt zwischen 600 km zum Nachbarland Botswana und 1000 km einschließlich des Caprivi-Zipfels.[2] Namensgeber Namibias ist die Nebelwüste Namib, die zu den ältesten Wüsten der Welt zählt. Der Begriff „Namib" bedeutet in der Sprache der Nama „ödes Land".[3]

Die folgende Arbeit soll einen Überblick zur Bevölkerung dieses Landes geben. Dabei wird zunächst auf die Bevölkerungsentwicklung nach der Unabhängigkeit eingegangen. Darauf aufbauend werden die in Namibia vertretenen ethischen Gruppen, ihre Sprachen sowie ihre räumliche Verteilung beschrieben. Weiterhin wird die Bildungsstruktur des Landes dargelegt und abschließend ein Überblick zur durchschnittlichen Alters- bzw. Lebenserwartung der in Namibia lebenden Menschen gegeben.

1. Bevölkerungsentwicklung nach der Unabhängigkeit

Die Bevölkerungswachstumsrate betrug in den Jahren 1991-2001 durchschnittlich 2,3% jährlich. Die Zahl der Bevölkerung stieg somit von 1,4 Millionen Einwohnern im Jahr 1991 auf rund 1,8 Millionen im Jahr 2001.[4]

Ursachen dieses Bevölkerungszuwachses sind u.a. das Ansteigen der Geburtenrate, Rückansiedlung namibischer Flüchtlinge, die während des Unabhängigkeitskrieges in die Nachbarländer geflohen waren und der Strom von Flüchtlingen aus Angola.

---

[1] Vgl. Borowski, 2000, S.10-11; Iwanowski, 2002, S. 51; Statistisches Bundesamt. <http://www.destatis.de/cgi-bin/ausland_suche.pl> (03.12.02); vgl. hingegen Weber/Wiebus, 2002, S.12 mit der Angabe von 825.418 km².

[2] Vgl. Weber/Wiebus, 2002, S. 12 mit Dahle/Leyerer, 2001, Karte der Umschlagrückseite, mit falschem Maßstab, dessen Maßzahl 100 km statt 200 km heißen müßte.

[3] Vgl. Namibia Tourism Board. "Namibia – Zauber der Natur".
<http://www.namibia-tourism.com/reitipps/geologie.htm> (27.01.03).

[4] Vgl. World Health Organization. „Selected health indicators fort his country".
<http://www3.who.int/whosis/country/indicators.cfm?country=nam> (17.03.03).

Der Anstieg der Bevölkerung und die Flucht aus den ländlichen Gebieten in die Städte wird an den Bevölkerungszahlen Windhoeks besonders deutlich: Während 1991 ca. 129.600 Menschen in Windhoek lebten, so stieg die Zahl auf 181.696 Einwohner im Jahr 2001.[5]

2. Ethnische Gruppen und deren Sprachen

Bevor näher auf die einzelnen Bevölkerungsgruppen eingegangen wird, soll folgende Grafik die Anteile der Bevölkerungsgruppen an der Gesamtbevölkerung verdeutlichen.

Abb. 1: Prozentuale Verteilung der Bevölkerungsgruppen

Prozentuale Verteilung der Bevölkerungsgruppen
47,4
50
8,8 7,1 7,1 6,1 6 5 4,5 3,5 3,1 0,8
0
Ovambo
Kavango
Damara
Herero
Weiße
Nama
Coloureds
Caprivianer
Buschmänner
Baster
Tswana

Eigene Darstellung nach Iwanowski.[6]

Ovambo

Die größte ethnische Gruppe innerhalb der namibischen Bevölkerung ist die Gruppe der Ovambo mit 700.000 Menschen.

Sie wanderten wahrscheinlich aus dem Osten Zentralafrikas aus und siedelten sich im Gebiet des heutigen nördlichen Teil Namibias an. Obwohl sie früher in dem Gebiet zwischen dem Kunene und Etoscha-Pfanne lebten, sind sie heute, da sie das größte Potential an Arbeitern in der Industrie Namibias darstellen, überall im ganzen Land verstreut anzutreffen. Ihr hauptsächliches Siedlungsgebiet ist im fruchtbaren Norden Namibias in der Nähe des Überschwemmungsgebietes des angolanischen Flusses Kuvelai. In diesem Gebiet, der am

---

[5] Vgl. Heinrich, Dirk. „Weltumwelttag gefeiert". *Allgemeine Zeitung online,* 06.06.2002. <http://www.az.com.na/az/index.html> (03.04.03)

[6] Vgl. Iwanowski, 2002, S. 14.

dichtesten besiedelte Teil Namibias, leben acht verschiedene Stämme der Ovambo, die jeweils von einem Häuptling angeführt werden, während weitere Ovambostämme im Süden von Angola leben. Die größten Städte in diesem Gebiet sind Oshakati und Ondangwa, die aufgrund der Arbeit suchenden Bevölkerung einem enormen Bevölkerungszuwachs ausgesetzt sind, so dass sich „Slums" aus Wellblechhütten an den Außenbezirken der Städte bilden.

Die Ovambo leben meist in Rundhüttensiedlungen. Sie betreiben hauptsächlich Viehzucht und Ackerbau, wobei die Hauptanbauprodukte Hirse und Sorghum sind. Die Felder, die um die einzelnen Hütten angelegt sind, werden meist von den Frauen bearbeitet, während die Männer das Vieh hüten.

Die Gesellschaftsform ist matriarchalisch, da nicht der Vater der Familie, sondern immer der Bruder der Mutter ausschlaggebend für die Blutsverwandtschaft, das Erteilen von Macht und Vererben von Besitz ist. Diese Regelung gilt deshalb, weil die Familienstrukturen nicht immer sehr konstant sind – eine Frau hat oftmals Kinder von verschiedenen Männern. Es lässt sich jedoch teilweise feststellen, dass der Einfluss der Männer zunimmt und sich eine patriarchale Struktur herauszubilden scheint.

Die Ovambo sind heute größtenteils Christen, bedingt durch die Missionierung während der Kolonialzeit, obwohl heute die noch in Resten vorhandene Stammesreligion mit ihrem Ahnen- und Geisterkult und der Verehrung von Rindern wiederbelebt wird.[7]

Die Sprache der Ovambo, die sich in verschiedene Dialekte unterteilt, wird der Bantu-Sprachgruppe zugeordnet. Die Dialekte der beiden größten Stämme, die Ndonga und Kwanyama Sprache, haben sich als offiziell anerkannte Sprachen der Ovambo behauptet.[8]

Kavango

Ungefähr 150.000 Angehörige der Kavango, aufgeteilt in fünf Stämme, wohnen im Nordosten Namibias an den südlichen Ufern des Okavango Flusses. Die Kavango kamen ursprünglich, wie die Ovambo, aus dem östlichen Zentralafrikas bei den Großen Seen und siedelten sich zuerst im Gebiet des heutigen Angola an, um dann Richtung Süden zum Okavango zu wandern, wo sie die einheimische Bevölkerung, die Gruppe der Kxoe-San und Yeyi, bis ungefähr 1923 versklavten.

---

[7] Vgl. Schetar/Köthe, 2002, S.157-158; Pack, 2002, S. 123.
[8] Vgl. Iwanowski, 2002, S. 130.

Die Kavango betreiben Subsistenzwirtschaft in Form von Ziegen- und Rinderzucht und Ackerbau, der im Unterschied zu den Ovambo auch von Männern betrieben wird. Nebenbei gehen die Männer auf die Jagd oder fangen Fische des Okavango. In den letzten Jahren hat sich ein weiterer Wirtschaftszweig herausgebildet, der Verkauf von selbstangefertigten Holzschnitzereien für Touristen an Straßen und in Souvenirläden. Tendenziell kann man feststellen, dass viele Jugendliche der Kavango nicht mehr ihren Lebensunterhalt auf traditionelle Art verdienen und in der Industrie als Arbeiter in Minen oder als Wanderarbeiter auf kommerziellen Farmen arbeiten.

Wie die Ovambo haben die Kavango matrilineare Gesellschaftsordnung und werden von einem Häuptling regiert.

Innerhalb der traditionellen Religion der Kavango nimmt der Ahnenkult eine besondere Stellung ein und der Glaube, der Häuptling habe Kontakt zur übernatürlichen Welt und somit außerordentliche Kräfte, was ihm eine besondere Stellung innerhalb des Stammes verleiht.

Die hauptsächlich gesprochenen Sprachen der Kavango sind Rukwangari und Thibukushu, die jeweils zu einer Schriftsprache formalisiert wurden und eng mit der Sprache der Ovambo verwandt sind.[9]

Damara

Die Damara, die mit den Nama und San zu den ersten Siedlern Namibias zählen, bezeichnen sich selbst als schwarze Menschen („Nu-khoin") und werden den Khoisan-Völkern zugeordnet, obwohl sie vom Aussehen her den Bantu-Völkern sehr ähneln. Die Sprache der Damara und Nama werden aus linguistischer Perspektive als zwei verschiedene Dialekte aus der Khoisan-Sprachfamilie angesehen, da beide Sprachen die charakteristischen Klicklaute haben. Verschiedene Theorien besagen, dass die Sprache der Damara sich angeblich aus der Namasprache entwickelt habe.

Heute gehören ca. 130.000 Menschen, d. h. 8% der namibischen Bevölkerung, den Damara an. Ein Teil der Damara lebt in dem durch den Odendaalplan festgelegten Damaraland-Reservat zwischen dem Kaokoland als nördliche und dem Erongogebirge als südliche Grenze. Die Mehrheit der Damara lebt auf Farmen in ganz Namibia.

---

[9] Vgl. Schetar/Köthe, 2002, S. 159; Pack, 2002, S. 123-126.

Zur Zeit der Kolonialisierung lebten die Damara in einem Abhängigkeitsverhältnis zu den Nama, für die die Damara arbeiten mussten und somit auch viele Sprachelemente und Lebensgewohnheiten der Nama im Laufe der Jahre übernommen haben. Um der Unterdrückung zu entfliehen, zogen sie sich in verschiedene Bergregionen zurück, wie beispielsweise in die Berge bei Otavi, an der Spitzkoppe oder am Brandberg, so dass sie auch als Bergdamara oder mit dem Schimpfwort „Klipkaffern" bezeichnet wurden.

Sie sind – obwohl ursprünglich eigentlich Jäger und Sammler, die dadurch oft mit den Herero und Nama in Konflikt gerieten – ein seßhaftes Volk. Sie betreiben Gartenbau, leben von der Schaf- Ziegen- und Rinderzucht und vom Jagen. Außerdem sind sie bekannt für ihr Können innerhalb bei Metallverarbeitung. Heute arbeiten viele in der Rössingmine oder in den Minen der als Kupferdreieck bezeichneten Städte Tsumeb, Otavi und Grootfontein.

Die Großfamilie nimmt innerhalb der Gruppe der Damara eine besondere Stellung ein, obwohl es auch eine Stammesstruktur gibt, die aber nicht so eine große Bedeutung im Alltagsleben hat.

Ein Häuptlingsamt wurde erst auf Rat der Missionare zum Schutz vor Unterdrückung eingeführt. Die einzelnen Familien leben in kreisförmig angeordneten sogenannten Familienkraals, die jeweils mit Dornen umzäunt sind. Mittlerweile hat sich die kreisrunde Dorfstruktur verändert, so dass die Hütten oftmals in einer Reihe stehen. Zudem besteht auch nicht mehr die starke Struktur der Großfamilie, da viele Männer und Jugendlich wegziehen, um Arbeit zu finden.

Traditionell brennt im Mittelpunkt des Dorfes ein heiliges Feuer, das nicht erlöschen darf, und es steht dort ein heiliger Baum. Die Damara glauben an übernatürliche Heilkünste einer Person, des sogenannten Heilers, in Verbindung mit der Gottheit Gamab. Außerdem haben sie einen Speisemeister, der die Aufgabe hat, von jeder Nahrung, die allgemein zum Verzehr angeboten wird, als erstes zu kosten.

Bei den Damara gibt es eine Mischform aus einer mutter- und vaterrechtlichen Gesellschaft, da beide Linien als gleichwertig angesehen werden, indem der Vater immer an seine Söhne vererbt und die Mutter an die Töchter.[10]

---

[10] Vgl. Schetar/Köthe, 2002, S. 151-152; Pack, 2002, S. 112-114.

Herero

Die drittgrößte Bevölkerungsgruppe bilden die bantusprachigen Herero, die ebenfalls wie die Damara ca. 8% der namibischen Bevölkerung ausmachen. Das Gebiet zwischen dem Homeland der San und der Damara mit der Stadt Okakarara in der nördlichen Kalahari wurde den Herero durch den Odendaalplan zugewiesen. Heute unterscheidet man drei Gruppen der Herero: Die Zeraoua-Herero leben in der Gegend um Omaruru, die Maharero in Okahandja und die Mbanderu, auch Ost-Herero genannt, in dem Gebiet um Gobabis.

Wahrscheinlich stammen die Herero aus Ostafrika und wanderten dann zwischen dem 15. und 18. Jahrhundert in die Gebiete des heutigen Angola, Botswana und nach Namibia, wo sie sich südlich des Kunene ansiedelten.

Früher zogen die Herero, wie heute noch die Himba, als Nomaden mit ihrem Vieh durch das Land, wobei die Menge an Rindern ein Statussymbol war.

Das Abstammungsrecht ist sowohl patrilinear als auch matrilinear: Durch die väterliche Abstammungslinien werden bei den Herero Ämter, Titel, und religiöse Titel und Funktionen vererbt, während durch die mütterliche Seite die Besitztümer vererbt werden.

Die Position des Häuptlings erhält ein Herero aber nicht durch Vererbung, sondern durch Wahlen.

In der Religion der Herero nehmen Rinder eine besondere Position ein, so dass bestimmte Rinder nicht geschlachtet werden dürfen, da sie als heilig angesehen werden.

Traditionell leben die Herero in Hütten aus Rohrgeflecht, verputzt und abgedichtet mit Lehm und Dung, die kreisförmig um den Kälberkraal angeordnet sind. Mittelpunkt der Siedlung ist auch hier das heilige Feuer und ein Ahnenbaum.

Heute leben viele Herero als Farmer und fallen oftmals durch ihren hohen Besitz an Rindern auf, da bis heute bei den Herero die Zahl der Rinder als Indiz für Reichtum gesehen wird, so dass die Gefahr der Überweidung teilweise nicht beachtet wird.

Besonders die Hererofrauen fallen heutzutage durch ihre viktorianische Tracht auf, die eine Mischung aus den Trachten der Missionarsfrauen und ihrer eigenen Tradition darstellt, was durch den Kopfbund, der ein Rinderhorn symbolisiert, ausgedrückt wird.

Durch die Missionierung traten viele Herero zum Christentum über, gründeten aber eine eigene Kirche, in der weiterhin ihre alten Traditionen, wie beispielsweise der Ahnenkult, praktiziert werden, was besonders bei ihren Gedenktagen für die Ahnen in Omaruru und Okahandja zu erkennen ist.

Die traditionelle Lebensweise der Herero ist heute nur noch bei den *Himba*[11] (übersetzt „Bettler"), auch Ovahimba genannt, zu sehen. Die Himba, wovon ca. 4.000 bis 5.000 in Namibia leben, gehören zu der Gruppe der Herero. Sie flohen aus Angst vor den Raubzügen und Überfällen von Seiten der Nama während des 19. Jahrhunderts weiter in den Norden und leben bis heute als Viehhirten und Nomaden im Kaokoland.

Der Rinderkult zeigt sich bei den Frauen durch den Haarschmuck, der ein Rinderhorn symbolisiert und durch das Einreiben der Haut mit einer Mischung aus Rotholzpulver und Fett, wodurch der Körper dem glänzenden Fell eines Kalbes ähnlicher werden soll.[12]

Weiße

In Namibia werden ungefähr 20.000 Deutschsprachige, 20.000 Englischsprachige und 60.000 Afrikaanssprachige zu der Gruppe der Weißen gerechnet.

Die afrikaanssprechenden Weißen fühlen sich meist als Afrikaner und haben keine Verbindungen familiärer Art nach Europa. Ursprünglich waren die Vorfahren dieser Afrikaner Buren, die ab dem 17. Jahrhundert die Kapprovinz besiedelten und um sich dem englischen Einfluss zu entziehen, immer weiter nach Norden zogen und somit die Gebiete des heutigen Namibia erreichten. Die Buren, oftmals Farmer, leben traditionell in Großfamilien und sind häufig Anhänger des protestantischen Kalvinismus.

Die Mehrheit der Deutschen in Namibia stammt von den ersten deutschen Siedlern während der Kolonialzeit ab. Sie sind besonders auf die Wahrung ihres „Deutschtums" bedacht, was sich beispielsweise durch Einhalten der christlichen Feste nach deutscher Art zeigt. Der Weihnachtsbaum und der Weihnachtsstollen an Weihnachten dürfen nicht fehlen. Auch sprechen viel der deutsch-namibischen Angehörigen bis in die jetzige Generation deutsch.[13]

---

[11] Obwohl sie nur einen geringen Teil der namibischen Bevölkerung ausmachen, werden die Himba, insbesondere die Frauen, gern auf Zeitschriften und in touristischen Prospekten als Prototyp der namibischen Bevölkerung – und somit typisch afrikanisch – abgebildet. Vgl dazu das Titelblatt der Zeitschrift *Merian* November/1997 und Hoffmann, 1997, S. 81-89.

[12] Vgl. Schetar/Köthe, 2002, S. 153-156; Pack, 2002, S. 114-120.

[13] Vgl. Schetar/Köthe, 2002, S. 162-165; Pack, 2002, S. 127-130.

An dieser Stelle seien die sogenannten „DDR-Kinder" (ungefähr 400 Kinder) erwähnt, die während der Unabhängigkeitsbewegung der SWAPO in der DDR leben durften und dort eine Schulausbildung erhielten. Sie sind zwar keine Weißen, können aber perfekt deutsch und haben teilweise ihre gesamte Kindheit und Jugendzeit in der ehemaligen DDR verbracht. Die DDR wollte durch die Aufnahme dieser Kinder die sozialistisch orientierte SWAPO-Bewegung in den 70er bis 90er Jahren unterstützen. Die meisten DDR-Kinder waren Kinder hoher SWAPO-Funktionäre, die im Exil lebten, oder auch Kriegswaise, die ihre Eltern durch Anschläge von Seiten der Südafrikaner verloren hatten. Nach der Wiedervereinigung Deutschlands wurden sie wieder in ihr Heimatland Namibia zurückgeführt, obwohl sie teilweise kaum ihre Eingeborenensprache beherrschten, da sie schon mit fünf Jahren in die DDR gekommen waren. Heute arbeiten sie teilweise als Dolmetscher oder in der Tourismusbranche.[14]

Nama

Die Nama, auch Khoikhoi genannt oder während der Kolonialzeit abwertend als „Hottentotten" bezeichnet, sind sehr eng mit den San verwandt. Ihre Sprache ähnelt der Sprache der San, obwohl sie nicht so viele unterschiedliche Schnalzlaute besitzt. Die Sprachen der San und Nama werden häufig zusammengefasst und als Khoi-San bezeichnet.

Momentan leben in Namibia ungefähr 80.000 Nama aufgeteilt auf 14 verschiedene Stämme, die jeweils wieder aus verschiedenen patrilinearen Clans, auch „Sippen" genannt, bestehen. Zu den Namastämmen gehören beispielsweise die Red Nation, die bei Hochanas leben, die Bondelswarts bei Warmbad, die Topnaar in der Nähe des Kuiseb Riviers bei Walvis Bay, die Witboois, die Swartboois, die Bethanier oder die Orlaam.

Die ersten Nama wanderten schon vor ca. 2000 Jahren nach Namibia ein. Sie kamen ursprünglich als Nomaden, mussten aber im Zuge der Besiedelung durch die Kolonisten ihr Nomadentum aufgeben und sind seitdem sesshaft geworden.

Die Häuptlinge der einzelnen Stämme regierten traditionell zusammen mit dem Stammesrat den Stamm. Heute haben nur noch neun von 14 Stämmen einen Häuptling. Die Mitglieder der Stammesräte werden von den Nama gewählt, so dass der Häuptling zusammen mit seinem Rat politisch eine gewisse Unabhängigkeit, was die Nama betrifft, besitzt.

---

[14] Besonders eindrücklich beschreibt Constance Kenna in ihrem Buch *Die „DDR-Kinder" von Namibia – Heimkehrer in ein fremdes Land* einzelne Schicksale dieser Kinder und Jugendlichen.

Als Folge der Christianisierung leben die meisten Nama heute in einer monogamen Ehe. Die Kinder wohnten früher zusammen mit ihren Eltern in Binsenhütten, die heute mehr und mehr durch Blechhütten und andere Deckmaterialien wie Plastik oder Segeltuch ersetzt werden.

Ursprünglich arbeiteten die Nama fast ausschließlich als Viehzüchter, jagten oder lebten von den Meerestieren, die an den Strand gespült wurden. Mittlerweile betreiben sie zusätzlich Acker- und Gartenbau, arbeiten in den Städten oder auf Farmen.

Viele gehören der Evangelisch-Lutherischen Kirche an, in der aber heidnische Elemente der traditionellen Religion der Nama mit christlichen Elementen vermischt wurden.[15]

Coloureds und Rehobother Baster

Die Coloureds, übersetzt „Farbige", und die Rehobother Baster, hergeleitet von dem Wort „Bastard", sind aus der Verbindung von weißen Siedlern der Kapregion mit Frauen der Khoikhoi-Stämme entstanden. Sie wurden weder von der schwarzen Bevölkerung noch von den Weißen akzeptiert, so dass sie für sich blieben und eine eigene Gemeinschaft bildeten. Als Sprache nahmen sie Afrikaans an.

Im Jahr 1870 siedelten sich die *Rehobother Baster* in dem Gebiet der Rheinischen Missionsstation um die heutige Stadt Rehoboth an. Sie hatten eine eigene Regierung, der im Jahr 1970 sogar die Selbstverwaltung von Seiten Südafrikas zugestanden wurde. Bis 1990 durften sie sich selbst verwalten, doch seitdem werden sie als integraler Teil Namibias angesehen, was immer wieder Anlass für blutige Aufstände gibt, da die Rehobother Baster wieder autonom werden möchten. Diese Forderung wurde ihnen aber bisher von der SWAPO-Regierung nicht gewährt.

Ihre Kultur und Religion ist stark von der christlichen Tradition beeinflusst.

Die meisten Angehörigen der Gruppe der Baster, die aus ca. 40.000 Menschen besteht, arbeiten als Farmer oder im handwerklichen Bereich – ihre handwerklichen Fähigkeiten, ungefähr 80% der namibischen Handwerker sind Baster, werden im ganzen Land sehr geschätzt.[16] Sie sind stolz auf ihre Herkunft. Insbesondere sind die Familien angesehen, deren Vorfahren aus einer legalen Ehe zwischen Weißen und Nama-Frauen stammen. Heute gibt es

---

[15] Vgl. Pack, 2002, S. 110-112; Schetar/Köthe, 2002, S. 147-150.

[16] Angaben aufgrund eines Interviews mit einem Einheimischen am 02. Januar 2003.

Nachfahren aus Verbindungen von einheimischen Frauen mit deutschen, burischen und sogar malaiischen Männern.

Die Gruppe der *Coloureds*, bestehend aus ungefähr 60.000 Personen, wanderte später als die Baster nach Namibia ein. Sie sind vor allem im Bau- und Fertigungsgewerbe beschäftigt und haben sich deshalb größtenteils in den Städten Namibias, insbesondere in den Vororten Khomasdal bei Windhoek oder Tamariska bei Swakopmund, angesiedelt.[17]

Caprivianer

Die Volksgruppe der Caprivianer, die im Caprivizipfel beheimatet ist und ungefähr 4% der namibischen Bevölkerung ausmacht, hat keine verwandtschaftlichen Beziehungen zu den übrigen Volksgruppen Namibias. Der dominanteste Stamm ist der Stamm der aus Sambia kommenden Lozi, weitere Stämme sind die Mafwe, Subia, Mayeyi oder Mbukushu. Innerhalb des Stammes sprechen die Mitglieder ihre Stammessprache, wobei die Sprache „Lozi" dominierend ist, ansonsten wird, anders als im übrigen Namibia, wo Afrikaans dominiert, Englisch gesprochen.

Traditionell wurde bei den Caprivianern Subsistenzwirtschaft durch Ackerbau und Viehzucht betrieben. Die wichtigsten Anbaufrüchte sind Hirse, Kartoffeln, Mais, Bohnen und Kürbisse. Heute werden die angebauten Produkte häufig auf Märkten oder an Straßenständen zum Verkauf angeboten. Ein weiterer Wirtschaftszweig der Caprivianer ist die Fischerei und die Jagd.
Der Häuptling eines jeden Stammes übt die Macht zusammen mit Ratgebern des Stammes aus.
Jeder Stamm hat sein Land in kleinere Bezirke aufgeteilt, die von einem Bezirksrat geführt werden. Die Bezirke gliedern sich wiederum in verschiedene Dörfer mit ihrem umliegenden Weideland.

Mittlerweile gibt es in der Gesellschaftsordnung eine vater- und mutterrechtliche Abstammungslinie, was auf den Einfluss verschiedener herrschender Völker, wozu die Lozi oder Kololo gehörten, zurückzuführen ist.[18]

---

[17] Vgl. Schetar/Köthe, 2002, S. 161-162.Pack, 2002, S. 127.

[18] Vgl. Pack, 2002, S. 126-127.

San

Die San, auch als Buschmänner bezeichnet, gehören zu den Ureinwohnern Namibias und machen heute mit 45.000 Menschen ca. 3 % der namibischen Bevölkerung aus. Sie leben hauptsächlich im Osten und Nordosten des Landes in der Kalahari. Die zahlreichste Gruppe der San ist der Stamm der !Xu[19].

Das Verhalten der San untereinander ist nicht, wie bei den Nama, die sich untereinander oftmals das Vieh gestohlen haben, von Neid und Habgier gekennzeichnet, sondern durch Harmonie und gegenseitiges Helfen und Teilen.

Es gibt zwar einen Führer in jedem Stamm, der als besondere Aufgabe hat, den Wohnplatz zu bestimmen, das Sammeln von Nahrung zu überwachen und Feinde fernzuhalten – ansonsten gelten alle Angehörigen der Gruppe als gleichberechtigt. Weiteres Kennzeichen der San ist der enorme Familienzusammenhalt. Meist wird der Besitz patrilinear vererbt, doch dies ist nicht zwingend.

Das zur Verfügung stehende Land wird bei den San an die einzelnen Stämme aufgeteilt, so dass jeder Stamm seine eigenen Wasserlöcher und genug Platz zum Sammeln der sogenannten „Veldkost" hat. Die erjagten Tiere gehören demjenigen Stamm, aus dem ein Mann das Tier erlegt hat. Bis heute leben sie überwiegend vom Jagen mit Hilfe von Schlingen, Fallgruben und verschiedenen Pfeilen oder Keulen, wofür die Männer verantwortlich sind. Das Sammeln von Nahrung ist Aufgabe der Frauen.

Die San sind ausgezeichnete Spurenleser und können zudem bestens in trockenen Gegenden überleben, in dem sie beispielsweise Wasser in Straußeneier abfüllen und in die Erde eingraben, um an Tagen, an denen Wasserknappheit vorherrscht, genug Vorräte zu haben. Dadurch, dass sie über 80 verschiedene essbare Pflanzen kennen, holen sie sich größtenteils den Bedarf an täglichem Wasser durch die Nahrungsaufnahme von Pflanzen.

Für die Religion der San, in der es einen guten Gott !Khutse und einen bösen Gott Gaua gibt, ist vor allem der Glaube an die Geister der Toten und die Verehrung des Mondes charakteristisch.

Kennzeichnend für die Sprache der San, die Khoekhoe-Sprache, sind die verschiedensten Schnalz- und Klicklaute.[20]

---

[19] Das Zeichen „!" steht für einen Schnalzlaut der Khoekhoesprache.

[20] Vgl. Pack, 2002, S. 108-110; Schetar/Köthe, 2002, S. 144-147.

Das größte Problem der San in den letzten Jahren ist, bedingt durch Einzäunungen und Erschließung von Land, der fortschreitende Entzug ihrer Existenzgrundlage, die auf Jagen und Sammeln basiert. Mittlerweile können weniger als 10 % vom Jagen und Sammeln leben und sich leider der Alkoholismus zunehmend ausbreitet. Viele von ihnen wurden in Kriegszeiten auf Seiten der Südafrikaner als Fährtenleser eingesetzt. Heute arbeiten die meisten Angehörigen der San auf Farmen und ihre Spurlesetechniken kommen ihnen beim Aufspüren von Wild zugute.

Tswana

Die Tswana mit ca. 10.000 Angehörigen sind die kleinste Bevölkerungsgruppe Namibias und werden den Bantugruppen zugerechnet. Sie gehören zu den traditionellen Hirtenvölkern und besiedeln im Osten Namibias die Gegend von Aminius, Gobabis bis hin nach Epukiro. Ihre Vorfahren gehörten mit zu den ersten Bantugruppen, die den Sambesi im 14. und 15. Jahrhundert überquerten und in Richtung Süden wanderten.

Heute arbeiten sie vielfach auf den umliegenden Farmen. Ihre Sprache ist Setswana, von der es sehr viele Wörter- und Lehrbücher gibt, so dass die sogar im Anfangsunterricht als Muttersprache in verschiedenen Schulen unterrichtet wird.[21]

3. Räumliche Verteilung der Bevölkerung

Die größte Bevölkerungsdichte Namibias findet man im Norden in dem Siedlungsgebiet der Ovambo und in der Landesmitte im Umkreis der Hauptstadt Windhoek.

Zu Anfang der 90er Jahre lebten ca. 70% der Bevölkerung im Norden, in der Umgebung von Windhoek, 23% lebten in der Landesmitte und lediglich 7% im Süden Namibias.

1977 wurden Zuzugskontrollen, die während der Apartheidspolitik gab, abgeschafft. Seitdem ist eine Bevölkerungsbewegung aus den ländlichen Gebieten in die größeren Städte zu verzeichnen. Die Menschen wandern beispielsweise aus den kleineren Städten Bethanien, Karasburg, Maltahöhe und Mariental, hervorgerufen u. a. durch die Abbau von Arbeitsplätzen im Bergbau und der Fischereiindustrie, ab. Sie lassen sich in Windhoek und Umgebung oder in touristisch attraktiven Gebieten wie Swakopmund, Lüderitzbucht und Walvis Bay nieder.

---

[21] Vgl. Iwanowski, 2002, S. 75; Dahle/Leyerer, 2001, S. 320.

Windhoek hat ein Maximum an Bevölkerungszuwachs von 600 Personen pro Woche, was zwangsläufig zur Bildung von „Slums" führt. Auf der Suche nach Arbeit versuchen sich die Menschen hauptsächlich in den Stadtteilen Katatura, Wanaheda oder Hakahana anzusiedeln, wo es aber keinerlei Infrastruktur gibt.[22]

4. Bildungsstruktur[23]

Nachdem Namibia unabhängig wurde, hat das neugebildete Bildungsministerium („Ministry of Basic Education, Sport and Culture") als erstes das nach Rassen getrennte Schulsystem abgeschafft, um das Bildungssystem zu vereinheitlichen und für jeden frei zugänglich zu machen. Außerdem wurde die Schulpflicht, die es für die Weißen schon seit 1906 gab, für alle Kinder im Alter von 6 bis 16 Jahren eingeführt.

Die neu gegründete Organisation „National Institute for Educational Development" (NIED) ist u. a. für die Lehrerausbildung und die Lehrplan- und Richtlinienentwicklung zuständig.[24]

Das Schulsystem sieht folgende Einteilung vor: Es gibt die „Lower Primary School" (Klasse 1-4), die „Upper Primary School" (Klasse 5-7), die „Junior Secondary School" (Klasse 8-10) und die „Senior Secondary School" (Klasse 11-12). Mit dem Abschluß der „Secondary School" ist man berechtigt, in Südafrika und in einigen Ländern Europas, die das englische Schulsystem anerkennen, zu studieren. In Deutschland wird dieser Schulabschluss nicht anerkannt, so dass diejenigen, die gerne in Deutschland studieren möchten, die 13. Klasse der deutschen höheren Privatschule in Windhoek (DHPS) besuchen müssen, um das in Deutschland geforderte Abitur zu erreichen. Die Schuljahre sind in „Trimester" mit jeweils 13 Schulwochen unterteilt.

Während im Jahr 1990 382.445 Schüler an namibischen Schulen eingeschrieben waren, stieg die Zahl im Jahr 2000 auf 514.196 Schüler. Grund für diesen Anstieg ist die Steigung der Geburtenrate und nicht das „Durchgreifen" der Schulpflicht in alle Landesteile – Analphabetenrate beträgt noch immer ca. 30 %.

---

[22] Laut Aussagen eines namibischen Reiseführers während einer Stadtrundfahrt durch Windhoek am 02. Januar 2003. Vgl. dazu auch Iwanowski, 2002, S. 73-77.

[23] Angaben anhand eigener Mitschriften während der Seminare „Gesellschaft, Erziehung und Ausbildung in Namibia I und II" von Dr. H. Bongardt im SS 2002 und WS 2002/2003 an der BUGH-Wuppertal.

[24] Vgl. NIED. „General Information on NIED". <http://www.nied.edu.na/nied/geninfo.htm> (25.03.03).

Vier ehemalige deutsche „Primary Schools" in Swakopmund, Otjiwarongo und Windhoek haben bis heute „Deutsch" als Schwerpunktfach.

Große Probleme in der Durchführung der Schulpflicht bereiten die weiten Entfernungen bis zur nächsten Schule, so dass viele Schüler in Internaten untergebracht werden oder lange Anfahrtswege haben. Um eine schulische Infrastruktur in weit entlegenen Gebieten aufzubauen, wurden die sogenannten „Farmschulen" gegründet, in denen häufig die Farmer selbst oder Einheimische unterrichten, die aber oft keine Lehrerausbildung genossen haben und in Extremfällen manchmal selbst nicht richtig lesen und schreiben können. Oftmals stellt ein Farmer auch nur einen überdachten Platz im Freien für die Schule zur Verfügung, so dass es teilweise an jeglicher schulischen Ausstattung und an Schulmaterial fehlt.

Hinzu kommt die Bildungsfeindlichkeit einiger älterer Leute z.B. aus dem Stamm der Himba oder der San, die fürchten, dass durch die Bildung die Kinder ihre traditionelle Lebensweise nicht weiter fortführen werden, und sie deshalb vom Schulbesuch abhalten wollen.

Obwohl die Kinder von der ersten Klasse an eigentlich in der Amtssprache Englisch unterrichtet werden sollen, gibt es Sonderregelungen, da sehr viele Kinder nur ihre Muttersprache sprechen können, so dass in den ersten Klassen stellenweise nach den verschiedenen Muttersprachen getrennter Unterricht erteilt wird. Problematisch ist hierbei, dass es in einigen Stammessprachen noch keine Schriftsprache gibt.

Vorherrschende Situation in der Bildung Namibias ist somit folgende: Es herrscht formal Schulpflicht und ein Bildungsangebot für alle, doch die Umsetzung der Schulpflicht bleibt bis heute ein großes Problem. Hinzu kommt, dass viele Schüler ihre Schule frühzeitig beenden, um einen Beruf zu erlernen oder einfach nur Geld zu verdienen, damit ihre Familie und sie selbst überleben können.

Ein weiteres Problem ist die immens hohe Rate der HIV-infizierten Personen (ca. 25 % der Bevölkerung), so dass der Staat für das Geld – ein Viertel des Staatshaushalts geht an das Bildungsministerium – das beispielsweise in die Ausbildung der Studenten investiert wird, keine Gegenleistung von Seiten der an AIDS erkrankten Studenten erhält, da sie in der Wirtschaft nicht mehr einsetzbar sind.

Die einzige Universität Namibias ist die „UNAM-University" am Stadtrand von Windhoek, die am 31. August 1992 gegründet wurde, die aus der schon vorher existierenden sogenannten

„Akademie" hervorging.[25] Rektor der Universität ist der Staatspräsident Sam Nujoma. Die Zahl der Studenten, die meisten sind Schwarze, stieg von 5.230 im Jahr 1992 auf 10.212 im Jahr 1999. Viele, die es sich leisten können, meistens Weiße, lassen ihre Kinder trotzdem in Südafrika oder Europa studieren, da diese Universitäten angesehener sind und ein größeres Studienangebot haben.

Weitere Bildungsanstalten sind verschiedene Landwirtschaftsschulen, Gewerbeschulen und Lehrerbildungsanstalten, die in den unteren Klassen unterrichten möchten. Die Lehrerausbildung für die „Secundary Schools" findet an der Universität statt. In Windhoek bestehen neben der Universität ein technisches College, „Technicon", eine Volkshochschule und das Staatskonservatorium für Musik.[26]

Viele kleinere Ausbildungsstätten und Bildungseinrichtungen sind auf der Basis von Entwicklungshilfeprogrammen entstanden, wie beispielsweise das „Schuldorf Baumgartsbrunn" in der Nähe von Windhoek, das ein Partnerschaftsprojekt des Schillergymnasiums in Münster ist. Dieses Schuldorf ist ein positives Exempel einer Farmschule und Ausbildungsstätte, die größtenteils durch die „Helmut-Bleks-Stiftung" von Deutschland aus finanziert und vom namibischen Staat unterstützt wird. Die Schule wurde 1973 von der deutschen Familie Bleks mit 16 Farmkindern gegründet. Mittlerweile sind 500 Schüler auf dieser Schule, auf der Unterricht in den Klassen 1 bis 10 durch einheimische Lehrer erteilt wird. Außerdem gibt es einen Kindergarten und eine Berufsschule mit einem Internat für ca. 50 Personen, wo u. a. die Fächer Hotelservice, Gartenbau, Kochen, Schneidern, Buchführung oder Englisch angeboten werden.[27]

5. Altersaufbau-Lebenserwartung

Ungefähr die Hälfte der Bevölkerung ist weniger als 15 Jahre alt, lediglich 3% der Bevölkerung ist älter als 64 Jahre. Folgende Daten zeigen die für ein Entwicklungsland typischen Kennzeichen: Eine hohe Geburtenrate von 3,7%, weshalb Namibia mit zu den verhältnismäßig geburtenstärksten Ländern der Welt zählt, und eine enorm hohe Sterblichkeitsrate. Bei Säuglingen lag die Sterblichkeitsrate bei durchschnittlich 7%. Die

---

[25] Vgl. University of Namibia. "UNAM at a glance". <http://www.unam.na/about/overview.html> (25.03.03).

[26] Vgl. Borowski, 2000, S. 33-34.

[27] Vgl. Schillergymnasium Münster. "Das Schuldorf Baumgartsbrunn in Namibia". <http://www.muenster.de/~schiller/namibia/namibia_stiftung.html> (25.03.03).

Bevölkerungswachstumsrate betrug in den Jahren 1990 bis 1999 durchschnittlich 2,5% jährlich.[28]

Das größte Problem, das die Sterberate ansteigen lässt, ist die Infizierung durch HIV – ca. 25 % der namibischen Bevölkerung sind mit AIDS infiziert. Bedingt durch die Erkrankung an AIDS sank die Lebenserwartung von durchschnittlich 61 Jahren im Jahr 1995 auf 52 im Jahr 1998.

Anhand von Hochrechnungen wäre die Lebenserwartung eines Namibiers ohne Einbeziehen der Krankheit AIDS im Jahr 2010 auf 65 Jahre angestiegen – mit Einbeziehen der Krankheit sinkt die Lebenserwartung sehr wahrscheinlich auf weniger als 40 Jahre. Das größte Problem bei der Verbreitung des HIV-Virus ist die mangelnde Aufklärung unter der Bevölkerung, obwohl das Gesundheitsministerium mit Hilfe von Plakaten eine Aufklärungskampagne zum Thema AIDS seit 2001 begonnen hat. Viele Namibier wollen sich aber nicht aufklären lassen, da sie an traditionellen Lebensgewohnheiten ohne feste Partnerschaften festhalten wollen oder glauben, durch Geschlechtsverkehr mit einer Jungfrau von allen Krankheiten geheilt werden zu können. Schätzungsweise gibt es 67.000 AIDS-Waise in Namibia.[29] Andere Institutionen wie die verschiedenen Kirchen haben es sich zur Aufgabe gemacht, aufzuklären, die Diskriminierung von AIDS-Kranken zu verringern und den erkrankten Personen finanziell, durch Medikamente und Betreuung zu helfen.[30]

Weitere Informationen zu diesem Thema finden Sie in: „Tourismus in Namibia" von Cornelia Haldenwang.
ISBN: 978-3-638-01312-3
http://www.grin.com/de/e-book/87147/

---

[28] Vgl. Iwanowski, 2002, S. 14; 77; Köthe/Schetar, 2001, S. 28; Weber/Wiebus, 2002, S. 74.

[29] Vgl. Pack, 2002, S. 124-125.

[30] Wie die Kirchen konkret helfen können wurde u. a. auf der Fachtagung der „Vereinten Evangelischen Mission" am 12.10.2001 in Wuppertal besprochen. Vgl. dazu Vereinte Evangelische Mission. „Presse-Information. Die Kirchen in den Zeiten der AIDS-Pandemie. Fachtagung mit Podiumsdiskussion in Wuppertal". <http://www.vemission.org/index.html?/presse/pm2001/pm01-10-16.html> (02.04.03).

Literaturverzeichnis (inklusive weiterführender Literatur)

African Special Tours (AST): „Afrika`03". 2003, S. 50.

Africandesk. „Ein Spaß im Stehen oder Liegen". <http://www.africandesk.com/de/duneboarding.htm> (06.06.03).

Africandesk. „Township Touren". <http://www.africandesk.com/de/township.html> (05.06.03).

Agri-Tourism, Alphabetical Listing of Guest Houses and Game Farms in Namibia. <http://www.agrinamibia.com.na/GuestFarms> (16.05.03).

AIEST. „Informationen zum Kongreß". <http://www.aiest.org/org/idt/idt_aiest.nsf/de/AFE3689530F5C6C7C1256CCD002AAD56?OpenDocument> (18.04.03).

Air Namibia. 2003. „News. Re-commissioning of the Boeing 747-400 combi". <http://www.airnamibia.com.na/news.htm> (21.03.03).

Allgemeine Zeitung (Hg.). „Tumorpatienten aus Deutschland finden in Namibia wieder zu sich selbst". *Allgemeine Zeitung online*, 09.05.2003. <http://www.az.com.na/az/artikel/az-artikel.php4?rubrik=lokales&artikelnummer=2227> (10.05.03).

Allgemeine Zeitung (Hg.): „Swakopmund ist fast ausgebucht". *Allgemeine Zeitung online*, 20.12.2000. <http://www.az.com.na/az/artikel/az-artikel.php4?rubrik=lokales&artikelnummer=74> (07.06.03).

Auswärtiges Amt. „Namibia. Wirtschaft". <http://www.auswaertiges-amt.de/www/de/laenderinfos/laender/laender_ausgabe_html?type_id=12&land_id=118> (16.03.03).

Bank of Namibia. "Opening Address by Mr T K Alweendo, Governor, Bank of Namibia, at The Hospitality Association of Namibia Congress, 10th June1999."<http://www.bon.com.na/speeches/hospitality%20assoc%20congress.htm> (04.05.03).

Bartlett, Des and Jen: „Family Life of Lions". *National Geographic*, December 1982, S. 800-819.

Becker, Christoph u. a.: *Tourismus und nachhaltige Entwicklung. Grundlagen und praktische Ansätze für den mitteleuropäischen Raum.* Darmstadt: Wissenschaftliche Buchgesellschaft, 1996.

Benthien, Bruno: *Geographie der Erholung und des Tourismus.* Gotha: Justus Perthes Verlag, 1997.

Bernecker, Paul: *Geographie und Fremdenverkehr.* S. 42-47. In: Hofmeister, Burkhard; Steinecke, Albrecht (Hg.): *Geographie des Freizeit- und Fremdenverkehrs.* Darmstadt: Wissenschaftliche Buchgesellschaft, 1984 (*Wege der Forschung*, Bd. 592).

Borowski, Barbara: *.BaedekerAllianz Reiseführer. Namibia.* Ostfildern: Karl Baedeker GmbH, ²2000.

Boudon, Barbara: *Namibia. Genussreise und Rezepte.* Weil der Stadt: Walter Hädecke Verlag, 2001.

Buch, Manfred W.: *Klima und Boden als limitierende Faktoren landwirtschaftlicher Nutzung in Namibia.* S. 139-172. In: Lamping, Heinrich; Jäschke, Uwe (Hg.): *Föderative Raumstrukturen und wirtschaftliche Entwicklungen in Namibia.* Frankfurt/Main: Selbstverlag des Institutes für Wirtschafts- und Sozialgeographie, 1993 (*Frankfurter Wirtschafts- und Sozialgeographische Schriften*, Heft 64).

Bundesverband des deutschen Fischgroßhandels e.V. <http://www.fischgrosshandel.org/presse/fischtafel7.pdf> (12.03.03).

Chadwick, Douglas H.; Bartlett, Des and Jen: „Etosha: Namibia's Kingdom of Animals". *National Geographic*, March 1983, S. 344-385.

Christaller, Walter: *Beiträge zu einer Geographie des Fremdenverkehrs*. S. 156-169. In: Hofmeister, Burkhard; Steinecke, Albrecht (Hg.): *Geographie des Freizeit- und Fremdenverkehrs*. Darmstadt: Wissenschaftliche Buchgesellschaft, 1984 (*Wege der Forschung*, Bd. 592).

COFAD GmbH. „Technische Zusammenarbeit mit Namibia in Fischerei und mariner Umweltforschung". <http://www.cofad.de/namibia_d.htm> (12.03.03).

Dahle, Wendula; Leyerer, Wolfgang: *Namibia. Edition Erde Reiseführer*. Bremen: Edition Temmen, 2001.

Davidson, Andee: „Tourism Planning in the North-West – an opportunity für positive change!". *Travel News Namibia*, Dezember 2002-Januar 2003, S. 29.

Der Tour: „Südliches Afrika", 2002/2003, S. 78-79.

Desert Explorers. „Skydiving". <http://swakop.com/ADV/skydiving.htm> (06.06.03).

Desert Express. 2003.„Namibia`s unique rail experiences". <http://www.desertexpress.com.na/main.htm> (19.03.03).

Deutsch Namibische Gesellschaft e.V. „Das Südwesterlied". <http://www.dngev.de/gesell/land/lexikon/s/südwest.htm> (30.11.02).

Deutsch Namibische Gesellschaft e.V. „Nationalhymne" <http://www.dngev.de/gesell/land/lexikon/h/hymne.jpg> (30.11.02).

Deutsche Gesellschaft für Tourismuswissenschaft e. V. „Ziele". <http://www.dgt.de/> (13.03.03).

Die Zeit. „Zeit-Reisen. Namibia auf neuen Wegen". <http://reisebeilage.zeit.de/zeitreisen/namibia/index_html> (08.06.03).

Dierks, Klaus. „Namibias Schienenverkehr zwischen Aufbau und Rückgang". <http://www.klausdierks.com/frontpage.html> (19.03.03).

Dierks, Klaus. 2001. "‖KHAUXA!NAS. Die Entdeckung der verlorenen Stadt der Kalahari". <http://www.klausdierks.com/frontpage.html.> (05.03.03).

Dierks, Klaus. 2001. „Pfade, Pads und Autobahnen. Verkehrswege erschließen ein menschenleeres Land." <http://www.klausdierks.com/Strassen/index.html> (18.03.03).

Dierks, Klaus. 2003. "Chronologie der namibischen Geschichte. Von der vorgeschichtlichen Zeit zur Unabhängigkeit und danach". <http://www.klausdierks.com/Geschichte/1.htm> (05.03.03).

Directorate of Environmental Affairs (DEA), Ministry of Environment and Tourism (MET), Namibia. „Atlas of Namibia, Tourist Accomodation". <http://www.dea.met.gov.na/data/Atlas/zip_files/Fig%205.34%20Tourism%20accommodation%20-%20database.zip> (02.05.03).

Djoser: „Reisen auf andere Art". 2003/2004, S. 64.

Dornseif, Golf. 18. Juli 1999. „Glanz und Elend der Diamanten-Pioniere". <http://www.traditionsverband.de/>
(15.03.03).

Dr.Tigges: „Asien, Afrika, Amerika, Australien". 2002, S. 96.

Duenbostel, Jürgen: „Namibia nach der Unabhängigkeit. ... ‚Ist das die Freiheit für die wir gekämpft haben?'.
Die Zeit, 22.03.1991.

Erb, Elke: „Eine Kamelfarm bei Swakopmund". *Namibia Magazin* 3/2001, S. 24-25.

Etosha Fly-In Safaris. "Tägliche Pirschfahrten in den östlichen Teil des Etoscha Parks"
<http://www.etosha.com/gamedr_g.htm> (10.05.03).

Explorer: „Fernreisen. Südliches Afrika". 2002, S. 44.

Fischer, Wolfgang. „Ombili und Buschmanntrail". <http://home.t-online.de/home/cwfischer/video.htm>
(13.05.03).

Fischer, Wolfgang. „Ombili". <http://home.tonline.de/home/cwfischer/ombili.htm> (13.05.03).

Frandsen, Robin: *Map of Etosha*. Durban: Fishwick Printers. o. J. (hrsg. v. Honeyguide Publications).

Freyer, Walter: *Tourismus und Wissenschaft – Chance für den Wissenschaftsstandort Deutschland.* S. 218-237.
In: Feldmann, Olaf (Hg.): *Tourismus – Chance für den Standort Deutschland.* Baden-Baden: Nomos
Verlagsgesellschaft, 1997.

Freyer, Walter: *Tourismus. Einführung in die Fremdenverkehrsökonomie.* München/Wien: Oldenbourg
Verlag, [7]2001 (hrsg. v. Freyer, Walter: *Lehr- und Handbücher zu Tourismus, Verkehr und Freizeit*).

Frömel, Susanne: „Heimatmelodien". *Die Zeit*, 29.08.2002, S. 51.

Gastro Facts online. „Ein Jahr nach dem 11. September".
<http://www.gastrofacts.ch/news/branche/data/2002/09_02/september_2002_05.htm> (10.04.03).

Gebeco: „Südliches Afrika und Indischer Ozean". 2002/2003, S. 10.

Globales Lernen. „Dimensionen, Perspektiven und Wirkungen des Entwicklungsländer-Tourismus".
<http://www.globales-lernen.de/Schwerpunkte/Reisen/kern1.htm> (13.03.03).

Goway. „Rail Experiences". <http://www.goway.com/africa/dune_express.html> (18.03.03).

Grill, Bartholomäus: „Die vergessene Epidemie". *Die Zeit*, 08.05.2003, S. 14.

Groth, Siegfried: *Namibische Passion. Tragik und Größe der namibischen Befreiungsbewegung.* Wuppertal:
Peter Hammer Verlag, 1995.

Grünert, Nicole: *Namibias faszinierende Geologie. Ein Reisehandbuch.* Göttingen: Klaus Hess Verlag, [2]2000
[[1]1999].

Guerba: „Africa in close up". 2002/2003, S. 48.

Günter, Wolfgang: *Pädagogik zwischen Massentourismus und Bildungsreise. Zur Entwicklungs- und Problemgeschichte der Reisepädagogik.* S. 9-23. In: Isenberg, Wolfgang (Hg.): *Phänomen Tourismus. Interdisziplinäre Beiträge zur Erforschung des Reisens.* Bergisch Gladbach: Thomas-Morus-Akademie, 1998.

Hagen, Wally u. Horst: „Big five". *Terra,* 4/2002, S. 16-33.

Halbach, Axel J.: *Grundlagenstudie Namibia.* München: Dissertations- und Fotodruck Prank GmbH, 1989 (hrsg. v. Ifo-Institut für Wirtschaftsforschung: *Sektorstudie Tourismus. Struktur, Potential und Förderungsmöglichkeiten,* Bd. 12).

Hälbich, Edgar. „Swakop-Brücke ab heute wieder offen." *Allgemeine Zeitung online,* 06.12.2002. <http://www.az.com.na/az/index.html> (15.12.02).

Hälbich, Edgar. „Waterfront wird konkret". *Allgemeine Zeitung online,* 07.11.2002. <http://www.az.com.na/az/artikel/az-artikel.php4?rubrik=lokales&artikelnummer=1772> (06.06.03).

Hamilton III, William J.; Hughes, Carol and David: „The Living Sands of the Namib". *National Geographic,* September 1983, S. 364-377.

HAN - Hospitality Association of Namibia.<http://www.hannamibia.com> (16.05.03).

HAN. "About Han". <http://www.hannamibia.com/html/Han.php?mainid=1&subid=1> (02.05.03).

Harring, Sid. „Commentary on the Environmental Assessment Report of the Feasibility Study on the Proposed Lower Cunene Hydropower Scheme".<http://www.irn.org/programs/safrica/epupareview/social.html> (21.03.03).

Heine, Attila. „Infrastrukturen". <http://www.beepworld.de/members43/namibiadatenfakten/infrastrukturen.htm> (17.03.03).

Heinrich, Dirk. „Arroganz unerwünscht". *Allgemeine Zeitung online,* 02.05.2003. <http://www.az.com.na/az/artikel/az-artikel.php4?rubrik=lokales&artikelnummer=2212> (07.05.03).

Heinrich, Dirk. „Daberas Mine soll für zehn Jahre Diamanten liefern". *Allgemeine Zeitung online,* 03.06.2002. <http://www.az-namibia.de/artikel/az-artikel.php4?rubrik=wirtschaft&artikelnummer =487> (12.01.03).

Heinrich, Dirk. „Präsident jagt in Etoscha". *Allgemeine Zeitung online,* 20.12.2002. <http://www.az.com.na/az/artikel/az-artikel.php4?rubrik=lokales&artikelnummer=1910> (05.05.03).

Heinrich, Dirk. „Sauberkeit hat Priorität". *Allgemeine Zeitung online,* 12.12.2002. <http://www.az.com.na/az/artikel/az-artikel.php4?rubrik=lokales&artikelnummer=1889> (06.06.03).

Heinrich, Dirk. „Weltumwelttag gefeiert". *Allgemeine Zeitung online,* 06.06.2002. <http://www.az.com.na/az/index.html> (03.04.03).

Henkel, Michael (Hg.): „Weltweit … mit Freunden reisen …". *Henkalaya e. K.,* 2003, S. 81.

Heß, Klaus (Hg.): „Eine Idee setzt sich durch: Immer mehr Conservancies". *Namibia Magazin* 3/2001, S. 30.

Heß, Klaus (Hg.): „Geplante Hotelentwicklung am Diaz Point". *Namibia Magazin* 3/2001, S. 30.

Heß, Klaus (Hg.): „Straßennamen sorgen für Aufregung". *Namibia Magazin* 4/2001, S. 5.

Heussen, Sven. „Neuanfang für Air Namibia". *Allgemeine Zeitung online*, 17.01.2003.
<http://www.az.com.na/az/index.html> (20.01.03).

Heussen, Sven. „Ramatex soll Hunger stillen". *Allgemeine Zeitung online*, 16.01.2002.
<http://www.az.com.na/az/index.html> (17.03.03).

Heussen, Sven. „Späte Initiative". *Allgemeine Zeitung online*, 17.09.2002. <http://www.az-namibia.de/artikel/az-artikel.php4?rubrik=lokales&artikelnummer=1622> (05.02.03).

Heussen, Sven. „Stadtverwaltung warnt vor verdrecktem Wasser". *Allgemeine Zeiung online,* 10.01.2003.
<http://www.az.com.na/az/index.html> (24.03.03).

Hodgson, Bryan; Brandenburg, Jim: „Namibia – Nearly a Nation". *National Geographic*, June 1982, S. 755-797.

Hoffmann, Giselher: „Brautschau". *Merian,* November/1997, S. 81-89.

Hoffmann, Ruth: „Schwarze Löcher über Afrika". *Die Zeit*, 03.04.2003, S. 30.

Hofmann, Eberhard. „Schwer belastet". *Allgemeine Zeitung online*, 15.01.2003.
<http://www.az.com.na/az/index.html> (24.03.03).

Hofmann, Eberhard. „Shikongo nimmt Anlauf auf Qualität". *Allgemeine Zeitung online,* 19.06.2002.
<http://www.az.com.na/az/artikel/az-artikel.php4?rubrik=lokales&artikelnummer=1315> (08.05.03).

Holm-Petersen, Erik: *Tourism in Namibia*. S. 92-94. In: Ministry of Environment and Tourism (Hg.): *Namibia Environment. Volume 1*. Windhoek: Gamsberg Macmillan Publishers, 1997.

Horenburg, Thorsten: *Tourismus in Namibia*. Köln: 1998.

Horizon. „Fish River Canyon. The sights". <http://www.horizon.fr/namibia/ainfofishriver.html> (20.05.03).

Hunziker, Walter: *Fremdenverkehr*. S. 48-62. In: Hofmeister, Burkhard; Steinecke, Albrecht (Hg.). *Geographie des Freizeit- und Fremdenverkehrs*. Darmstadt: Wissenschaftliche Buchgesellschaft, 1984 (*Wege der Forschung*, Bd. 592).

Hüser, Klaus u.a.: *Namibia. Eine Landschaftskinde in Bildern*. Göttingen: Klaus Hess Verlag, 2001.

ICL. Februar 1990. „Namibia Constitution". <http://www.oefre.unibe.ch/law/icl/wa00000_.html#A001_>
(04.12.02).

Institut für öffentliche Dienstleistungen und Tourismus. „Association Internationale d'Experts Scientifiques du Tourisme".
<http://www.idt.unisg.ch/org/idt/main.nsf/3740383e39272e4441256c6a002d1251/43c6ad04e4b32713c1256c6a0050c67c?OpenDocument> (18.04.03).

Institute for Public Policy Research, Windhoek. „The IJG Business Climate Monitor für November 2002".
<http.//www.ippr.org.na/BCM_Nov2002.htm> (08.05.03).

Intercape. „Routes". <http://www.intercape.co.za/> (18.03.03).

Iwanowski, Michael: *Namibia. Reise-Handbuch*. Dormagen: Iwanowski`s Reisebuchverlag, [20]2002.

Iwanowski's Reisen. "Etoscha National Park: Geführte Tagessafaris".
<http://www.iwanowski.de/news/news_view.php3?action=view&nwid=212> (10.05.03).

Iwanowski's Reisen. „Etoscha: Neuer Zugang im Norden".

<http://www.iwanowski.de/news/news_view.php3?action=view&nwid=281> (08.05.03).

Jacana Tours: „Südliches Afrika". 2002, S. 29.

Jäschke, Uwe: *Namibia. Map 2002*. Windhoek: Projects & Promotions. 2002.

Jenkins, Carson L.: *The Development of Tourism in Namibia*. S. 113-128. In: Dieke, Peter U.C. (Hg.): *The political economy of tourism in Africa*. New York/Sydney/Tokyo: Cognizant Communication Corporation, 2000.

Kainbacher, Paul: *Der Fremdenverkehr in Namibia und seine Entwicklungsmöglichkeiten*. Wien: 1995.

Kanzler, Sven-Eric: „Lüderitz poliert seine Juwelen". *Travel News Namibia. Deutsche Sonderausgabe,* Januar-Juni 2002, S. 12-13.

Kanzler, Sven-Eric: „Marsch gegen das Vergessen". *Travel News Namibia. Deutsche Sonderausgabe,* Januar-Juni 2002, S. 23.

Karawane Reisen: „Erlebnis Studienreise". 2003, S. 128-131.

Kashjuna Hunting Lodge. „Jagdmöglichkeiten auf der Kashjuna Hunting Lodge". <http://www.kashjuna-lodge.de/> (07.06.03).

Kaspar, Claude: *Die Tourismuslehre im Grundriss. St. Galler Beiträge zum Tourismus und zur Verkehrswirtschaft*. Bern/Stuttgart: Haupt Verlag, [4]1991. (*Reihe Tourismus*, Bd. 1).

Kenna, Constance (HG.). *Die „DDR_Kinder" von Namibia – Heimkehrer in ein fremdes Land*. Göttingen: Klaus Hess Verlag, 1999.

Kesselmann, Heiko: *Entwicklung und Umsetzung eines sanften Tourismus in Namibia, mit besonderer Berücksichtigung des Namib Rand Naturschutzgebietes*. S. 131-147. In: Kirstges, Torsten; Lück, Michael (Hg.): *Umweltverträglicher Tourismus. Fallstudien zur Entwicklung und Umsetzung Sanfter Tourismuskonzepte*. Meßkirch: Armin Gmeiner Verlag, 2001.

Klimm, Ernst u.a.: *Das südliche Afrika,* Bd. 2. *Namibia – Botswana*. Darmstadt: Wissenschaftliche Buchgesellschaft, 1994 (hrsg. v. Storkebaum, Werner: *Wissenschaftliche Länderkunden*, Bd. 39).

Kock, Claus: „Realitäten der Landfrage". *Allgemeine Zeitung,* 15.10.2002, S. 9.

Köthe, Friedrich; Schetar, Daniela: *Namibia*. München: Polyglott Verlag, 2001.

Kristallgalerie. <http://www.kristallgalerie.com/> (06.06.03).

La Rochelle. „Jagen auf La Rochelle". <http://www.la-rochelle-hunting-lodge.de/Frames/IndexlodgeFrame.htm> (07.06.03).

Ladmiral, Jean-René, Lipiansky, Edmond Marc: *Interkulturelle Kommunikation. Zur Dynamik mehrsprachiger Gruppen*. Frankfurt am Main: Campus Verlag GmbH, 2000 (hrsg. v. Nicklas, Hans: *Europäische Bibliothek interkultureller Studien*. Bd. 5).

Lamping, Heinrich: *Tourismusstrukturen in Namibia. Gästefarmen – Jagdfarmen – Lodges – Rastlager.* Frankfurt/Main: Selbstverlag des Institutes für Wirtschafts- und Sozialgeographie, 1996 (hrsg. v. Gruber, G. u. a.: *Frankfurter Wirtschafts- und Sozialgeographische Schriften,* Heft 69).

Lernidee: „Diamant Afrikas. Mit dem Sonderzug durch Südafrika und Namibia". 2002, S. 2; 39.

Leser, Hartmut: *Namibia.* Stuttgart: Ernst Klett Verlag, 1982.

LTU plus: „Wohltuend anders". 2002, S. 228.

Luft, Hartmut: *Grundlegende Tourismusbetriebslehre.* Limburgerhof: FBV-Medien-Verlags GmbH, 1996.

Martin, Henno: *Wenn es Krieg gibt, gehen wir in die Wüste.* Fulda: Two Books, ^{2}2002 [^{1}2001].

Maßmann, Ursula: *Swakopmund. Eine kleine Chronik.* Swakopmund: Gesellschaft für Wissenschaftliche Entwicklung, ^{5}1998 [^{1}1982].

Meet-Namibia. „15.11.02. Namutoni – Tsintsabis – Muramba Bushman". <http://www.meet-namibia.7to.de/namibia2002_3.htm> (13.05.03).

Meiers`s Weltreisen: „Afrika. Indischer Ozean, Orient". 2003, S. 136; 150-155.

Merkel, Angela: *„Nachhaltiger Tourismus" – Herausforderung und Zukunftschance.* S. 178-186. In: Feldmann, Olaf (Hg.): *Tourismus – Chance für den Standort Deutschland.* Baden-Baden: Nomos Verlagsgesellschaft, 1997.

Metzger, Fritz: *Wassererschließung in Namibia.* Windhoek: Namibia Wissenschaftliche Gesellschaft, 1998.

Ministerium für Schule, Wissenschaft und Forschung des Landes Nordrhein-Westfalen (Hg.): *Grundschule. Richtlinien und Lehrpläne.* Frechen: Ritterbach Verlag GmbH, 1985.

Ministry of Environment and Tourism, Directorate of Environmental Affairs. „SOER Socio-Economic Balance Sheet 1998". <http://www.dea.met.gov.na/data/publications/reports/soesoec1.pdf> (06.05.03).

Ministry of Environment and Tourism. "Fish River Canyon". <http://www.horizon.fr/namibia/ainfofishriver.html> (20.03.03).

Ministry of Environment and Tourism. „Sea temperatures. Swakopmund". <http://www.dea.met.gov.na/data/Atlas/zip_files/Sea%20temperatures%20at%20Swakopmund.zip> (06.05.03).

Ministry of Fisheries and Marine Resources. „Employment". <http://www.mfmr.gov.na/fishing industry/statistics/employment.htm> (12.03.03).

Mola Mola. „Dolphin & Seal Cruises". <http://www.mola-mola.com.na> (12.02.03).

Morris, Dave; Klein, Claudia (Hg.): *Southern African. Where to stay. Namibia, South Africa, Zimbabwe, Zambia and Botswana.* Cape Town/Windhoek: Colourgem Publications, 2002 b (hrsg. v. *Colourgem. Effective Tourism Promotion*).

Morris, Dave; Klein, Claudia (Hg.): *Walvis Bay. Namibia's gateway to trade and tourism.* Windhoek: Colourgem Publications, 2002 a (hrsg. v. *Colourgem. Effective Tourism Promotion*).

Mousebird Backpackers und Safaris. "Sightseeing – Der Hoba Meteorit".
<http://www.mousebird.de/meteorit.html> (13.05.03).

Mundt, Jörn W.: *Einführung in den Tourismus*. München/Wien: Oldenbourg Verlag, ²2001.

Nachtwei, Winfried: *Namibia. Von der antikolonialen Revolte zum nationalen Befreiungskampf*. Mannheim: Jürgen Sendler Verlag, 1976 (*Nationale Befreiung*, Bd.7).

NACOBTA. 2001. „Verband namibischer Gemeinden zur Gründung tourismus-orientierter Unternehmen".
<http://www.nacobta.com.na/ge/Index.htm> (02.05.03).

Namib Sun Hotels. „Specials. For South African citizens and Permanet Residents".
<http://www.namibsunhotels.com.na/english/e_main.htm> (15.05.03).

Namib Web. 1998. „Kristall Kellerei winery in Omaruru". <http://www.namibweb.com/winery.htm> (13.03.03).

Namibfun. „Event Archives". <http://www.namibfun.com.na/event.php> (05.06.03).

Namibia Tourism Board (Hg.): "Namibia. Land der Kontraste". *Land of Contrasts*, 2003, S. 1-22.

Namibia Tourism Board (Hg.): *Namibia. Schauspiel der Natur*. Frankfurt/Main: Bresink Eckert Wenz Werbeagentur GmbH, 2002.

Namibia Tourism Board (Hg.): *Willkommen in Namibia. Amtlicher Reiseführer 2003*. Windhoek: Solitaire Press, 2003.

Namibia Tourism Board (Hg.): *Willkommen in Namibia. Touristen Beherbergungs- und Onformationsführer 2002*. Windhoek: Solitaire Press, 2002.

Namibia Tourism Board. „Namibia – Zauber der Natur". <http://www.namibia-tourism.com/reitipps/geologie.htm> (27.01.03).

Namibia Tourism. Board Frankfurt. 2003. „Flughafen". <http://www.namibia-tourism.com/gzw-a-z/a-z_flughafen.htm> (21.03.03).

Namibia Tourismus Informations System. <http://www.ntis-online.com> (16.05.03).

Namibia Trade Directory. 2000. „Physical infrastructure."
<http://www.tradedirectory.com.na/info.php?mode=single&entryid=394> (19.03.03).

Namibia Travel Online. <http://www.natron.net> (16.05.03).

Namibia-Camping. <http://www.thomasrichter.de/namibia> (16.05.03).

Namibiareservations. „Top 5 Namibia Wildlife Resorts".
<http://www.namibiareservations.com/namibiawildliferesorts.html> (08.05.03).

Namibiatouristik. „Brandungsangeln an Namibias Küste". <http://www.namibiatouristik.de/4/4_5.html> (06.06.03).

Namibweb.com - The Online Guide to Namibia. <http://www.namibweb.com> (16.05.03).

Natron Net. „Aktiv sein im Land der Kontraste – Golfen". <http://www.natron.net/best-travel/golf.html> (06.06.03).

NIED. „General Information on NIED". <http://www.nied.edu.na/nied/geninfo.htm> (25.03.03).

Noack, Hans-Christoph: „Urlaub in der Krise". *FAZ*, 08.03.2003, S. 1.

Noczil, Birgit. „Konfrontation bleibt aus". *Allgemeine Zeitung online*, 27.11.2002.
<http://www.az.com.na/az/artikel/az-artikel.php4?rubrik=lokales&artikelnummer=1834> (11.05.03).

Noczil, Birgit. „Streit um Safari-Konzession in Nationalpark". *Allgemeine Zeitung online*, 26.11.2002.
<http://www.az.com.na/az/artikel/az-artikel.php4?rubrik=lokales&artikelnummer=1831> (11.05.03).

Noczil, Birgit. „Studie zu Popa-Kraftwek im Juni beendet". *Allgemeine Zeitung online*, 07.02.2003.
<http://www.az.com.na/az/index.html> (24.03.03).

Nuhn, Walter: *Feind überall. Der große Nama-Aufstand (Hottentottenaufstand) 1904-1908 in Deutsch-Südwestafrika (Namibia). Der erste Partisanenkrieg in der Geschichte der deutschen Armee.* Bonn: Bernard & Graefe Verlag, 2000.

Okalele´s Afrika-Portal, Namibia. <http://www.okalele.de/afrikaportal/namibia/namibia.htm> (16.05.03).

Okambara Game Ranch. „Wein aus Namibia: Die Kristall Kellerei in Omaruru".
<http://www.okambara.de/1.k35_main.htm> (11.03.03).

Opaschowski, Horst W.: *Tourismus. Systematische Einführung – Analysen und Prognosen.* Opladen: Leske und Budrich, 1996 (*Freizeit- und Tourismusstudien,* Bd. 3).

Pack, Livia u. Peter: *Travel Handbuch Namibia.* Berlin: Stefan Loose Verlag, 2002.

Peace Parks Foundation. „Profile.Objectives". <http://www.peaceparks.org/> (06.06.03).

Petersen, Elisabeth: *Namibia.* Köln: Vista Point Verlag, ²1999.

Pleasureflights. „Namibia Air Charter Flights". <http://www.pleasureflights.com.na> (05.06.03).

Pro Wildlife: „Elefanten erneut im Visier der Jäger".
<http://www.prowildlife.de/Projekte/Elefanten/Elfenbein.html> (15.03.03).

Radio Kudu. <http://www.radiokudu.com.na/> (21.03.03).

Reit Safari. „Reitsafari in Namibia". <http://www.reitsafari.com/haupt.htm> (07.06.03).

Reservations Africa. „Epacho Game Lodge und Spa". <http://resafrica.net/epacha-game-lodge.de/> (08.05.03).

Rhein-Zeitung online. „Entsetzen bei Tierschützern – Jubel in Japan". <http://rhein-zeitung.de/old/97/06/21/topnews/elfenbein.html> (15.03.03).

Ritz Desert Lodge. "Accommodation – our guestrooms with views into Namibia's famous desert".
<http://www.desertlodge.web.na/accommodation.htm> (06.06.03).

Rössing Uranium Mine. „Social, environmental and statistical report 2001".
<http://www.rossing.com/reports/se1_10.pdf> <http://www.rossing.com/reports/se11_22.pdf> (16.03.03).

Rotel Tours: „Das Rollende Hotel". 2003, S. 57.

Rumpf, Hanno: *Facts and Figures. Die EG-Tourismus-Studie über Namibia und die Ziele der namibischen Regierung.* S. 5-20. In: Lamping, Heinrich; Jäschke, Uwe (Hg.): *Namibia – Perspektiven und Grenzen einer touristischen Erschließung.* Frankfurt/Main: Selbstverlag des Institutes für Wirtschafts- und Sozialgeographie, 1994 (*Frankfurter Wirtschafts- und Sozialgeographische Schriften,* Heft 66).

SAFRI. „Engagement lohnt sich – politisch, wirtschaftlich und menschlich". <http://www.safri.de/frame_german.asp> (02.05.03).

SAFRI. „SAFRI stellt Tourismus-Studie vor". <http://www.safri.de/tourism_a_german.html> (02.05.03).

Schalkwyk van, Paul (Hg.): „Hotel school in Swakop". *Travel News Namibia,* Dezember 2002 - Januar 2003, S. 6.

Schalkwyk van, Paul (Hg.): „Wichtige Reiseziele in Namibia". *Travel News Namibia,* Januar-Juni 2002, S. 4.

Schalkwyk van, Paul (Hg.): *Namibia. Holiday and Travel. The official namibian tourism directory.* Windhoek: Venture Publications, 2003.

Schetar, Daniela; Köthe, Friedrich: „Hereroland. Reise durch die Buschsavanne der Herero". *HB Bildatlas Special. Namibia,* 61, S. 22-33.

Schetar, Daniela; Köthe, Friedrich: „Norden. Das schwarze, vitale Herz des Landes". *HB Bildatlas Special Namibia,* 61, S. 57-69.

Schetar, Daniela; Köthe, Friedrich: *Namibia. Handbuch für individuelles Reisen und Entdecken.* Markgröningen: Reise Know-How Verlag, ³2002 [¹1996].

Schillergymnasium Münster. „Das Schuldorf Baumgartsbrunn in Namibia". <http://www.muenster.de/~schiller/namibia/namibia_stiftung.html> (25.03.03).

Schmid-Pieters, Anita <core@mweb.com.na>. 18.08.02. „Namibia B&B Info" Persönliche E-Mail (19.08.02).

Schmidt-Lauber, Brigitta: *Weihnachten im Sommer: Zur Konstruktion deutscher Identität in Namibia.* Basel: BAB, 1998 (hrsg. v. *Basler Afrika Bibliographien).*

Schmitt, Wilfried, G. „Heilung durch Reisen". <http://www.selbstheilungskraefte.de/hdr.htm> (10.05.03).

Schneider, G.I.C.: *Bergbauliche Ressourcen und ihre Nutzungsmöglichkeiten.* S. 185-206. In: Lamping, Heinrich; Jäschke, Uwe (Hg.): *Föderative Raumstrukturen und wirtschaftliche Entwicklungen in Namibia.* Frankfurt/Main: Selbstverlag des Institutes für Wirtschafts- und Sozialgeographie, 1993 (*Frankfurter Wirtschafts- und Sozialgeographische Schriften,* Heft 64).

Schneider, G.I.C.; Schneider, M.B.: *Grundlagen zur geographischen und geologischen Ausgangssituation Südwestafrikas/Namibias.* S. 37-56. In: Lamping, Heinrich (Hg.): *Namibia. Ausgewählte Themen der Exkursion 1988.* Frankfurt/Main: Selbstverlag des Institutes für Wirtschafts- und Sozialgeographie, 1989 (*Frankfurter Wirtschafts- und Sozialgeographische Schriften,* Heft 53).

Schneider, Gabi: „The Petrified Forest". *Tourismus Namibia. Eine Beilage der Allgemeinen Zeitung,* Oktober 2001, S. 9.

Schönrock`s Weinexoten. „Unsere Weine aus Namibia". <http://www.weinexoten.de/Namibia.html#Namibia> (11.03.03).

Schreiber, Irmgard. „Jeder dritte ist arbeitslos“. *Allgemeine Zeitung online*, 24.03.2003.
<http://www.az.com.na/az/index.html> (24.03.03).

Schwarz, Birgit: „Vertreibung aus der Savanne“. *Der Spiegel*, 45/2002, S. 152-155.

Seckelmann, Astrid: *Siedlungsentwicklung im unabhängigen Namibia. Transformationsprozesse in Klein-
und Mittelzentren der Farmzone.* Hamburg: Institut für Afrikakunde, 2000 (*Hamburger Beiträge zur Afrika-
Kunde*, Bd. 60).

Southern Africa Where to Stay. <http://www.wheretostayonline.com> (16.05.03).

Speich, Richard: *Tourismus in Namibia als Wirtschaftsfaktor und Grundlage wirtschaftsräumlicher
Entwicklungen.* S. 61-74. In: Lamping, Heinrich; Jäschke, Uwe (Hg.): *Namibia – Perspektiven und
Grenzen einer touristischen Erschließung.* Frankfurt/Main: Selbstverlag des Institutes für Wirtschafts-
und Sozialgeographie, 1994 (*Frankfurter Wirtschafts- und Sozialgeographische Schriften,* Heft 66).

Spiegel online. „Jahrbuch 2003. Namibia“. <http://www.spiegel.de/jahrbuch/0,1518,NAM,00.html> (15.03.03).

Springer, Dirk. „Tourismusindustrie weiterhin im Aufwind“. *Allgemeine Zeitung online*, 20.11.2002.
<http://www.az-namibia.com/az/artikel/az-…1.php4?rubrik=lokales&artikelnummer=1815> (25.11.02).

Springer, Marc. „Alarmierende Ernteprognose“. *Allgemeine Zeitung online*, 04.04.2003.
<http://www.az.com.na/az/index.html> (05.04.2003).

Springer, Marc. „Regierung lehnt angebotene Farmen ab“. *Allgemeine Zeitung online,* 17.04.2003.
<http://www.az.com.na/az/index.html> (17.04.03).

Stadtmüller, Carola. „Wissen ist nicht immer Macht“. *Allgemeine Zeitung online*, 26.11.2002.
<http://www.az.com.na/az/index.html> (15.02.03).

Statistisches Bundesamt. <http://www.destatis.de/cgi-bin/ausland_suche.pl> (03.12.02).

Statistisches Bundesamt/Eurostat (Hg.): *Länderbericht Namibia 1992.* Wiesbaden: Metzler u. Poeschel Verlag,
1992.

Südafrika Tours (SAA): „Das umfassende Reiseprogramm ins Südliche Afrika auf dem deutschen Markt“. 2002,
S. 90-92.

Sun Bay Cruise: „Reisen in seiner schönsten Form“. 2002/2003, S. 28.

Sunvil Guide to Namibia. <http://www.sunvil.co.uk/africa/namibia/guidebook/intro.htm> (16.05.03).

TASA. 2001. „Who we are …“. <http://www.tasa.na/main.htm> (02.05.03).

Ten Africa Tours. 2003. „Air Namibia mit Airbus statt boing“.
<http://www.tenafricatours.com/info/news/archiv/detail/index.php?newsid=51> (10.02.03).

Ten Africa Tours. 2003. „Endgültige Schließung des Eros Flughafens am 7. Februar“.
<http://www.tenafricatours.com/info/news/archiv/detail/index.php?newsid=58> (10.02.03).

Tenafricatours. „Dritter Etosha-Eingang eröffnet“.
<http://www.tenafricatours.com/info/news/archiv/detail/index.php?newsid=60> (05.02.03.).

Tenafricatours. „Verwirrung im und ums Sossusvlei".

    <http://www.tenafricatours.com/info/news/archiv/detail/index.php?newsid=68> (23.03.03).

The Bed & Breakfast Association of Namibia. <http://www.bed-breakfast-namibia.com/memberlist.html>

    (16.05.03).

The Namibia Economist. „Life after 11 September". <http://www.economist.com.na/2002/28june/05-28-

    18.html> (11.06.03).

The Namibian Connection, Accomodation Directory. <http://www.orusovo.com/accommodation/default.htm>

    (16.05.03).

The Namibian, Windhoek. "Tourism Industry 'Must Beef Up its

    Service'".<http://allafrica.com/stories/200305040006.html> (11.06.03).

The Namibian, Windhoek. „Tourism Industry 'Must Beef Up its Service'".

    <http://allafrica.com/stories/200305040006.html> (11.06.03).

The Republic of Namibia. „ Namibia in a Nutshell, Main Towns and Population Figures".

    <http://www.grnnet.gov.na/Nam_Nutshell/Land/Towns_Population.htm> (19.05.03).

Töpfer, Klaus: „Neue Wege gehen. Ein bewußter und nachhaltiger Umgang mit Energie tut not". *FAZ,*

    02.04.2003, S. B1-B2.

TOURISTIK R.E.P.O.R.T. „Namibia renoviert seinen Tourismus."

    <http://www.touristikreport.de/archiv/tba/archiv/afrika/960761486327873536.html> (06.05.03).

Travel Beyond. 2003. „Shongololo Express Dates and Rates".

    <http://www.travelbeyond.com/trains/shongololo/dates-prices.htm> (18.03.03).

Trede, Christian. 2001. „Namibia: Wirtschaft". <http://www.namibia-online.de/de/namibia/de_nam_wir.htm>

    (16.03.03).

TUI: „Afrika". 2002/2003, S. 53.

    Urban, Ilse: *Namibia – Land, Leute und Leben auf einer Farm.* Berlin: Frieling Verlag, 1996.

Vereinte Evangelische Mission. „Presse-Information. Die Kirchen in den Zeiten der AIDS-Pandemie.

    Fachtagung mit Podiumsdiskussion in Wuppertal."

    <http://www.vemission.org/index.html?/presse/pm2001/pm01-10-16.html> (02.04.03).

Vester, Heinz-Günter: *Jenseits der Erbsenzählerei. Der mögliche Beitrag der Soziologie zur*

    Tourismusforschung. S. 67-73. In: Isenberg, Wolfgang (Hg.): *Phänomen Tourismus. Interdisziplinäre*

    Beiträge zur Erforschung des Reisens. Bergisch Gladbach: Thomas-Morus-Akademie, 1998.

    Vester, Heinz-Günter: *Tourismustheorie. Soziologische Wegweiser zum Verständnis touristischer*

    Phänomene. München/Wien: Profil-Verlag, 1999 (*Reihe Tourismuswissenschaftliche Manuskripte.* Bd. 6).

Vgl. Heussen, Sven. „Teure Lodge". *Allgemeine Zeitung online,* 08.07.2002.

    <http://www.az.com.na/az/artikel/az-artikel.php4?rubrik=wirtschaft&artikelnummer=531>

    (07.05.2003).

Vgl. Namibiareservations. "Top 15 viewed 2002". <http://www.namibiareservations.com/top15_2002d.html>
(08.05.03).

Vista Verde News. „Überraschung: Konferenz lockert Verbot des Elfenbeinhandels – Wale geschützt".
<http://www.vistaverde.de/news/Natur/0211/15_cites.htm> (15.03.03).

Vorlaufer, Karl: *Ferntourismus und Dritte Welt*. Frankfurt a. M.: Diesterweg, 1984 (hrsg. v. Karger, Adolf:
Studienbücher Geographie).

Vries, Johannes Lucas de: *Namibia. Mission und Politik 1880-1918. Der Einfluß des deutschen
Kolonialismus auf die Missionsarbeit der Rheinischen Missionsgesellschaft im früheren Deutsch-
Südwestafrika*. Neukirchen-Vluyn: Neukirchener Verlag, 1980.

Walvis Bay Corridor Group. <http://www.wbcg.com.na/> (17.03.03).

Weber, Ingeborg; Wiebus, Hans-Otto: *Namibia*. Köln: DuMont Reiseverlag, ⁵2002.

Weck, Udo H.: *Tourismus Marketing aus namibischer Sicht*. S. 43-54. In: Lamping, Heinrich; Jäschke, Uwe
(Hg.): *Namibia – Perspektiven und Grenzen einer touristischen Erschließung*. Frankfurt/Main:
Selbstverlag des Institutes für Wirtschafts- und Sozialgeographie, 1994 (*Frankfurter Wirtschafts- und
Sozialgeographische Schriften*, Heft 66).

Wolf, Klaus; Jurczek, Peter: *Geographie der Freizeit und des Tourismus*. Suttgart: Eugen Ulmer GmbH,
1986.

World Health Organization. „Selected health indicators fort his country".
<http://www3.who.int/whosis/country/indicators.cfm?country=nam> (17.03.03).

World Health Organization. „WHO Estimates of Health Personnel Namibia".
<http://www3.who.int/whosis/health_personnel/health_personnel.cfm> (17.03.03).

Zimmers, Barbara: *Geschichte und Entwicklung des Tourismus*. Trier: Selbstverlag der Geographischen
Gesellschaft Trier, 1995. (hrsg. v. Becker, Christoph: *Trierer Tourismus Bibliographien*, Bd. 7).

BEI GRIN MACHT SICH IHR WISSEN BEZAHLT

- Wir veröffentlichen Ihre Hausarbeit,
  Bachelor- und Masterarbeit

- Ihr eigenes eBook und Buch -
  weltweit in allen wichtigen Shops

- Verdienen Sie an jedem Verkauf

Jetzt bei www.GRIN.com hochladen
und kostenlos publizieren